ESSAI

SUR

LES OURAGANS

ET LES TEMPÊTES

ET

PRESCRIPTIONS NAUTIQUES POUR EN SOUFFRIR LE MOINS DE DOMMAGES POSSIBLE

PAR

M. LARTIGUE

CAPITAINE DE VAISSEAU, COMMANDEUR DE LA LÉGION D'HONNEUR

PARIS

LIBRAIRIE HYDROGRAPHIQUE DE ROBIQUET

RUE PAVÉE-SAINT-ANDRÉ-DES-ARTS, 2

1858

ESSAI

SUR

LES OURAGANS

ET

LES TEMPÊTES

ESSAI

SUR

LES OURAGANS

ET LES TEMPÊTES

ET

PRESCRIPTIONS NAUTIQUES POUR EN SOUFFRIR LE MOINS DE DOMMAGES POSSIBLE

PAR

M. LARTIGUE

CAPITAINE DE VAISSEAU, COMMANDEUR DE LA LÉGION D'HONNEUR.

PARIS,

LIBRAIRIE HYDROGRAPHIQUE DE ROBIQUET,

Rue Pavée-Saint-André-des-Arts, 2.

1858

IMPRIMERIE ET LITHOGRAPHIE RENOU ET MAULDE

RUE DE RIVOLI, 144

TABLE DES MATIÈRES.

DEUXIÈME PARTIE.

INTRODUCTION

Les ouragans qui, à certaines époques de l'année, occasionnent de si grands désastres dans les mers des Antilles, de l'Inde, de Chine, sur les côtes des États-Unis et sur les mers adjacentes, ont été l'objet de remarques très-judicieuses, d'explications plus ou moins exactes, de la part des physiciens et de quelques navigateurs ; mais, pendant fort longtemps, leurs théories n'ont pu s'appuyer que sur des faits isolés.

Depuis quelques années seulement, Redfield, le colonel Reid, Thom, Piddington, Keller, Espy, s'occupent de réunir des documents à ce sujet, et déjà ils ont publié des observations faites sur un grand nombre de points au moment où ces phénomènes s'y produisaient. Cette manière d'opérer, qui permet de comparer entre elles des observations simultanées, semble la seule qui puisse faire avancer la question.

Piddington s'est principalement occupé des ouragans du golfe du Bengale et de la mer de Chine; Thom, de ceux de la mer de l'Inde, au sud de l'équateur. Redfield, Reid, Espy et Keller traitent de ceux qui se manifestent dans toutes les parties du globe.

D'autres auteurs ont écrit sur ces phénomènes; mais leurs travaux, quoique ayant fourni des documents et des explications utiles,sont beaucoup moins importants.

Tous admettent en principe que l'ouragan est constitué par *un courant d'air circulaire* auquel quelques-uns donnent le nom de *cyclone*, les autres celui de *tourbillon*; mais aucun d'eux n'a cherché à montrer comment se forme un courant de cette espèce. Mes observations personnelles, combinées avec les renseignements que j'ai puisés dans leurs ouvrages, me permettent de donner à ce sujet des explications qui pourront jeter quelque jour sur l'ensemble de la question.

Mais, pour bien comprendre ces explications, il faut avant tout considérer le mouvement général de l'atmosphère (1), car ce sont très-rarement les causes locales qui déterminent les ouragans, et, dans le plus grand nombre de cas, ils sont produits par des vents qui ont pris leur origine à une très-grande distance du lieu où ces phénomènes se font ressentir. Les diverses observations que je publie tendent, en effet, à démontrer qu'ils ne se manifestent que dans les lieux où des vents intenses d'un des hémisphères peuvent se rencontrer avec ceux de l'hémisphère opposé, ayant eux-mêmes une certaine intensité. Ces observations, en même temps qu'elles seront utiles aux marins, pourront servir à donner une direction plus précise à des études qui, dans l'intérêt de la science et de la navigation, paraissent

(1) Voir *Exposition du système des vents*, ou *Traité du mouvement de l'air à la surface du globe et dans les régions élevées de l'atmosphère*, par M. Lartigue, 2e édition.

devoir être continuées ; elles montreront, d'ailleurs, que souvent les ouragans se produisent sous diverses formes, et qu'ils ne sont pas toujours soumis aux mêmes lois.

Des diverses relations publiées par un grand nombre d'auteurs, de celles qui m'ont été communiquées par plusieurs officiers de la marine, et de mes propres observations, je déduis des conséquences générales sur les principales causes qui déterminent ces phénomènes, sur leur forme, sur quelques-unes des lois qui les régissent, ainsi que sur les prescriptions nautiques pour en souffrir le moins de dommages possible ; mais je suis d'autant plus loin de présenter ces conséquences comme une solution complétement satisfaisante de la question des ouragans, que les faits sur lesquels elles s'appuient ne sauraient être tous regardés comme rigoureusement exacts (1).

Toutefois, malgré quelques causes d'incertitude, les ré-

---

(1) Il est, en effet, peu de personnes, soit à terre, soit à la mer, qui aient la possibilité d'observer, au fort de l'ouragan, toutes les variations qui se succèdent dans la direction des vents. C'est surtout par les désastres qu'il a causés, ou par la marche imprimée aux bâtiments soumis à son influence, que l'on estime ces variations ; alors il arrive souvent que les observations faites dans un même lieu, ou à bord d'un même bâtiment, mais par des personnes différentes, ne s'accordent guère entre elles ; d'un autre côté, dans les baies entourées de côtes élevées, et sur les terres dont le sol est très-inégal, les vents conservent rarement leur direction normale; quelquefois même, pendant les ouragans, ils soufflent simultanément, de directions différentes, sur des points très-rapprochés les uns des autres, par l'effet seul de la configuration des terres. (*Typhons* de 1848, par Keller, pages 13, 14 et 16.)

Souvent aussi la force exacte des vents est difficile à déduire des observations faites à bord des bâtiments, parce que, dans les relations, elle est géneralement indiquée d'après les effets que les vents ont produits, et non d'après leur intensité réelle, ce qui établit une grande différence ; car, pour un bâtiment qui court sur la perpendiculaire du vent ou au plus près, le vent paraît beaucoup plus fort que pour celui qui fait vent arrière : le bâtiment qui porte peu de voiles et qui a réduit sa mâture, souffre beaucoup moins que celui

sultats d'un travail basé sur un très-grand nombre d'observations choisies parmi celles qui paraissent réunir le plus de garantie, ne sauraient, ce me semble, s'éloigner beaucoup de la vérité.

---

qui conserve plus de voiles et sa mâture haute. Dans le premier cas, la différence apparente d'intensité peut varier de 9 à 11; dans le second, de 9 à 10. (Voir plus loin le tableau indiquant l'intensité relative des vents.) Enfin, il est des circonstances où un navire fait des avaries par suite de mauvaises manœuvres ; alors la relation transforme quelquefois en ouragan impétueux un coup de vent, un orage ou un grain d'une force ordinaire.

ESSAI

SUR LES

OURAGANS ET LES TEMPÊTES

PREMIÈRE PARTIE.

DÉFINITIONS.

L'*ouragan* est une perturbation violente de l'atmosphère pendant laquelle l'air s'élève d'ordinaire vers les hautes régions, souvent en tourbillonnant et de manière à produire une puissante aspiration. Dans l'ouragan la direction du vent varie à de courts intervalles.

La *tempête* est un vent violent accompagné de très-fortes raffales.

Dans la tempête, l'air tend à se rapprocher du sol plutôt qu'à s'en éloigner, et les vents conservent assez longtemps la même direction.

On nomme *coup de vent* un vent très-fort dont la direction varie peu.

Les coups de vent peuvent persister pendant plusieurs jours, quelquefois pendant plusieurs semaines; mais les tempêtes, et surtout les ouragans, sont toujours d'une plus courte durée, du moins sur le même point.

Les ouragans et les tempêtes sont accompagnés d'une pluie très-abondante, d'une dépression considérable du baromètre ; quelquefois d'éclairs et de tonnerre. Parfois, pendant les coups de vent, le temps est beau, le ciel sans nuages et le baromètre se maintient élevé (1).

L'*orage* est une perturbation de l'atmosphère annoncée par des éclairs et par le bruit du tonnerre, accompagnée de pluie, parfois de grêle, et fréquemment de vents plus ou moins forts.

Les marins désignent sous le nom de *grain* tout changement brusque, soit dans la force, soit dans la direction du vent. Lorsque ce changement est annoncé par des nuages qui se forment à l'horizon, ou lorsque, le ciel étant déjà couvert, les nuages deviennent plus intenses.

On dit que le vent souffle par *rafale* lorsque sa force étant déjà considérable, elle augmente encore momentanément.

Le vent souffle par *bouffée* lorsqu'il s'élève à la suite d'un calme, et qu'au bout de quelques instants le calme se rétablit.

OBSERVATIONS FAITES SUR LES OURAGANS ET LES TEMPÊTES DANS LES DIVERSES PARTIES DU GLOBE.

DES TEMPÊTES ET DES COUPS DE VENT DANS LA PARTIE DE LA MÉDITERRANÉE COMPRISE ENTRE LES COTES DE FRANCE ET CELLES DE L'ALGÉRIE.

Pendant l'été, les vents polaires du nord au nord-ouest dominent entre les côtes de France et les îles Baléares : alors le temps est beau, le baromètre élevé, quoique par intervalle ces vents acquièrent une grande intensité. Entre les Baléares et les côtes de l'Algérie, le temps est beau, les vents sont modérés ; ils soufflent le plus ordinairement du nord près de ces îles, du nord-est à mi-canal, et de l'est-

(1) Pendant les *pamperos* de Rio de la Plata, les nords (nortes ou northers) du golfe du Mexique et le mistral du golfe de Lyon, le ciel est ordinairement très-clair, le baromètre élevé, quoique les vents soufflent avec violence.

nord-est à l'est près des côtes d'Afrique. Les vents de toute autre direction qui, dans ces parties de la Méditerranée, remplacent ceux du nord-ouest au nord ou du nord à l'est, sont rarement forts, et les orages qui s'y élèvent n'ont donné lieu à aucune observation importante.

Les vents secs et brûlants du sud-est nommés *sirocco* règnent par intervalles sur les côtes de l'Algérie ; parfois ils parviennent sur les côtes de France. Il semblerait exister quelque relation entre ces vents et ceux de même direction observés dans les orages les plus violents qui se font ressentir dans la partie nord-ouest de la France.

Pendant l'hiver, les vents du nord au nord-ouest soufflent souvent sur les côtes de France, en même temps que ceux du nord au nord-est règnent sur les côtes d'Italie et dans le golfe de Gênes. A la même époque, les vents tropicaux sont fréquents sur les côtes de l'Algérie ; leur direction est toujours plus près de l'ouest sur la partie occidentale de ces côtes que sur la partie orientale ; assez souvent même, ils varient entre le sud et le sud-est du côté de Bone, lorsqu'ils soufflent entre le sud et le sud-ouest du côté d'Oran. Ils s'étendent plus ou moins près des côtes de France, et si, lorsqu'ils ont une certaine force, ils rencontrent des vents polaires intenses, ils peuvent déterminer soit un coup de vent, soit une tempête (1). Dans ce cas, les vents de toutes directions augmentent d'intensité à mesure qu'ils se rapprochent les uns des autres, et ils acquièrent leur plus grande force sur les points vers lesquels ils convergent ; de manière que les vents peuvent ne pas être très-forts sur les côtes, et souffler en tempête au milieu de la Méditerranée. Au surplus, il est reconnu que les tempêtes se font assez rarement ressentir en même temps, dans toutes les parties de mer comprises entre la France et l'Algérie : souvent, lorsque les vents sont violents entre la France et les Baléares, ils sont modérés entre ces îles et l'Algérie ; réciproquement, lorsqu'ils sont violents dans

(1) *Exposition du système des vents*, par M. Lartigue, 2e édition, page 31.

cette dernière partie de mer, ils peuvent ne pas être très-forts entre les Baléares et la France (1).

Assez souvent, en hiver, les vents tropicaux ne rencontrent les vents polaires que dans l'intérieur de la France : alors les premiers peuvent être modérés sur les côtes et souffler en coup de vent ou en tempête aux points où ils se trouvent en contact avec les vents polaires, qui eux-mêmes augmentent aussi d'intensité à mesure qu'ils se rapprochent de ces points.

La dépression du baromètre est en rapport avec la force du vent ; dans quelques cas même, elle peut indiquer approximativement la distance à laquelle la tempête souffle avec plus de violence : ainsi lorsque, sur les côtes de France, la dépression est considérable avec des vents du nord au nord-ouest, la tempête est peu éloignée ; mais elle est à une grande distance, quand, avec ces mêmes vents, le baromètre est élevé.

Lorsque les vents qui concourent à déterminer la tempête ont à peu près la même intensité, le point de leur plus grande violence se rapprochera tantôt des côtes de l'Algérie, tantôt de celles de France ; mais s'il y a une différence sensible d'intensité, le foyer de la tempête se transportera dans la direction soit du vent le plus fort, soit de la résultante des vents qui sont en lutte.

Dans les tempêtes, les vents soufflent du nord au nord-ouest ou entre l'est-sud-est et le sud-sud-ouest sur les côtes de France, entre le nord-ouest et le nord-est sur celles de l'Algérie ; mais au large des côtes, les vents peuvent varier du nord-ouest au nord-est ou de l'est-sud-est au sud-sud-ouest : les vents de nord-ouest sont souvent très-forts sur

---

(1) Les tempêtes de la mer Noire sont produites, comme celles de la Méditerranée, par la rencontre des vents polaires du nord-ouest au nord-est avec les vents tropicaux du sud-ouest au sud-est ; elles se font rarement ressentir en même temps dans toutes les parties de la mer Noire. Lorsque les vents soufflent en tempête sur les côtes d'Europe, ils sont souvent modérés sur celles d'Asie, et réciproquement. Il se peut aussi, quand la tempête est au milieu de la mer Noire, que les vents ne soient pas très-forts sur les deux côtes opposées. La tempête du 14 novembre 1854, entre Balaclava et Eupatoria, paraît avoir été déterminée par le conflit de ces mêmes vents ; mais les effets produits démontrent que ceux du sud au sud-ouest étaient les plus forts.

la partie de côte comprise entre le cap Lardier et l'embouchure du Var ; mais ils acquièrent rarement la violence de la tempête.

Quelquefois sur les côtes de France et aux environs de la Sardaigne, le mouvement des nuages indique les vents qui déterminent les tempêtes. Si ces vents soufflent du nord-ouest, on aperçoit assez souvent des nuages chassant du sud-ouest : la tempête est alors produite par les vents du nord-ouest et du sud-ouest; d'autres fois les nuages chassent du sud-est : dans ce cas, la tempête est causée par les vents de cette direction en conflit avec ceux du nord-ouest.

Souvent, au-dessus des nuages poussés par les vents de sud-est, il existe une autre couche de nuages se dirigeant vers le nord-est : alors la tempête est déterminée par les vents du nord au nord-ouest, à leur rencontre avec ceux du sud-est et du sud-ouest. Parfois, lorsque la tempête souffle de l'une de ces dernières directions, les nuages accusent des vents de nord-ouest dans les régions élevées.

Pendant la durée des tempêtes, qui sont toujours accompagnées de pluies très-abondantes, souvent d'éclairs et de tonnerre, et quelquefois même de neige, les vents supérieurs tendent à se rapprocher de la surface, souvent même ils y remplacent les vents inférieurs, qui alors vont souffler dans les régions élevées (1). Ce changement ne s'opère pas de la même manière sur toutes les parties de la Méditerranée dont il est ici question : dans certains cas, principalement loin des côtes, les vents se succèdent à la surface par un revirement plus ou moins brusque ; leur violence ne diminue pas, lorsque ce sont les vents polaires qui remplacent les vents tropicaux ; tandis que d'ordinaire il se manifeste, dans l'intervalle, un affaiblissement considérable, sinon un calme complet, quand ce sont les vents tropicaux qui remplacent les vents polaires (2).

Parfois, aux divers points où s'opère le changement, il se forme des tourbillons ou trombes occupant chacun très-

(1) *Exposition du système des vents*, page 64.

(2) *Exposition du système des vents*, pages 28, 29, 48 et 64.

peu d'étendue, mais susceptibles de déterminer, en certains cas, des effets désastreux, quoiqu'ils ne paraissent pas, en hiver surtout, de même nature que les tourbillons observés dans les ouragans.

Quelquefois les vents du nord au nord-est qui dominent en hiver sur les côtes d'Italie et dans le golfe de Gênes, parviennent sur les côtes de Provence; si alors les vents du sud au sud-est soufflent du côté de Bone, et ceux du sud au sud-ouest du côté d'Oran, les vents du nord au nord-est varient à l'est-nord-est et à l'est, à mesure qu'ils avancent vers le sud et vers l'ouest : ils tournent ensuite vers le nord-ouest, soufflant alors de l'est au sud-est dans le golfe de Lyon. S'ils ne rencontrent aucun obstacle, ils continuent ainsi jusqu'à l'Océan ; là ils remontent graduellement vers le nord et le nord-est, de manière à former un courant circulaire occupant une grande étendue (1). Dans ce cas, les vents n'acquièrent pas une grande puissance ; mais si, comme cela arrive fréquemment dans cette saison, les vents du nord à l'ouest-nord-ouest règnent le long des Pyrénées, l'espace occupé par le courant se resserre (2), et les vents de toute direction, mais principalement ceux du sud-est à l'est, peuvent devenir violents. Au surplus, dans le golfe de Gênes, sur les côtes d'Afrique, sur celles d'Espagne ainsi que sur celles de la Sardaigne, les vents peuvent ne pas être très-forts; mais ils augmentent progressivement de force à mesure qu'ils avancent vers les côtes de France, en même temps que leur direction se rapproche de celle du sud-est ou de l'est.

Des courants circulaires, semblables aux précédents, s'établissent sur divers points de la côte d'Europe dans la Méditerranée, souvent même dans l'intérieur de la France ; ils se forment d'une manière analogue et sont soumis aux mêmes lois. Les vents n'y acquièrent pas une très-grande intensité lorsqu'ils ne rencontrent pas d'obstacle; mais ils deviennent violents s'ils sont contrariés dans leur course.

---

(1) *Exposition du système des vents*, pages 29 et 30.

(2) Une partie de ce courant, ainsi resserrée, est figurée sur la carte des vents dominants en hiver.

Ces courants diffèrent essentiellement de ceux qui constituent les ouragans ou les tempêtes tournantes : dans le premier cas, les vents qui suivent le cours ordinaire de l'air (1) tendent plutôt à se rapprocher du sol qu'à s'en éloigner; dans le second cas, le vent tourne en sens inverse du mouvement naturel de l'air, en même temps qu'il s'élève en tourbillonnant, de manière à produire une aspiration plus ou moins puissante. Toutefois, les tempêtes qui se manifestent dans la Méditerranée, quelle que soit, d'ailleurs, la manière dont elles se produisent, sont quelquefois aussi violentes que certains ouragans.

DES TEMPÊTES, DES COUPS DE VENT ET DES ORAGES EN FRANCE.

Les tempêtes qui se font ressentir en France sont, comme celles de la Méditerranée, déterminées par la rencontre des vents polaires du nord au nord-est ou du nord au nord-nord-ouest, avec des vents tropicaux intenses du S. au S. E. et du S. au S. O.; elles se produisent de la même manière et elles sont soumises à peu près aux mêmes lois. Les tempêtes sont fréquentes en hiver, plus rares en été ; mais, dans cette saison, il s'élève assez souvent des orages, principalement dans le voisinage des montagnes. Les plus violents sont en général causés par des vents chauds du sud-est au sud-ouest, qui ressemblent plutôt aux vents variables de la zone torride qu'aux vents tropicaux. Ces orages sont quelquefois constitués par des courants d'air circulaires ou tourbillons occupant ordinairement peu d'étendue (2).

---

(1) *Exposition du système des vents*, pages 15, 16 et 34.

(2) MÉTÉORE DE MALAUNAY ET DE MONVILLE, août 1845 : « Le météore éclata « à Rouen, vers une heure ; vent violent du sud très-chaud à huit kilomètres de « Rouen ; vers 1 h. 15, des nuages très-noirs, chassés avec force et venant du « sud-ouest, choquèrent ceux du sud et formèrent un tourbillon. » (Observations de M. Pressier, professeur de physique à Rouen. — Compte-rendu des séances de l'Académie des Sciences ; 1845, tome 21, page 498 ; rapport de M. Arago.)

« D'après M. Pouillet, la largeur de ce météore ne dépassait pas 30 à 40 mètres, « dans certains endroits ; dans d'autres, il s'étendait à 400 ou 500 mètres, et « même au delà..... » (Compte-rendu, etc., tome 21, page 546.)

Dans certaines circonstances, les orages, ainsi que les tempêtes, se propagent à la surface de la terre avec plus ou moins de vitesse ; dans d'autres, ils se font ressentir successivement de distance en distance, et quelquefois simultanément sur plusieurs points plus ou moins éloignés les uns des autres.

Observations sur les Orages dans les montagnes des Pyrénées.

Il y a peu d'orages en hiver dans les montagnes des Pyrénées ; mais aussitôt que la température s'élève, ils deviennent moins rares ; ils sont même assez fréquents en juin, juillet et août, qui sont les mois les plus chauds de l'année. Pendant les orages, la pluie tombe par torrents, les éclairs sont incessants et le tonnerre gronde sans interruption ; mais les vents n'acquièrent une grande force que sur les plateaux un peu étendus et dans les plus larges vallées. Quelques-uns de ces orages ne s'éloignent pas des montagnes; d'autres se transportent avec plus ou moins de vitesse vers les terres basses situées plus au nord, où ils prennent parfois les proportions d'un ouragan.

J'ai pu maintes fois observer de quelle manière ces orages se forment, principalement à Eaux-Bonnes et à Baréges. Dans la première de ces vallées, des nuages se dirigent souvent vers le nord-est, tandis que d'autres plus élevés marchent vers le sud-est ; quelquefois tous ces nuages sont à la même hauteur ; alors, s'ils convergent vers le même point, ceux que poussent les vents du nord-ouest se détournent successivement de leur direction primitive pour prendre celle des nuages venant du sud-ouest, dont la marche paraît toujours douée d'une vitesse relative plus marquée ; mais lorsque de part et d'autre ces nuages sont transportés avec un certain degré de rapidité, leur vitesse augmente progressivement à mesure qu'ils tendent à se rapprocher, jusqu'à ce que, la rencontre ayant lieu, ceux du nord-ouest tournent brusquement de manière à former un courant d'air circulaire plus ou moins régulier et occupant d'abord peu d'étendue (*fig.* 1) (1).

Ce courant, dans lequel les vents tournent de droite à gauche, c'est-à-dire en sens inverse de la marche des aiguilles d'une montre, s'établit ordinairement sur les 8 ou 9 heures du matin, heure à laquelle la brise de jour s'élève.

Quelquefois le ciel était déjà nuageux lorsque le courant circulaire commençait à se former; parfois, au contraire, il n'existait d'autres nuages que ceux qu'avaient amenés les vents générateurs de ce courant; dans quelques cas, ces nuages se dissipaient pour ne reparaître que vers les 2 ou 3 heures de l'après-midi; mais dans d'autres, au contraire, ces nuages s'étendaient successivement, de manière qu'avant 3 heures le ciel était couvert dans toutes les directions. La plupart du temps, avant cette heure, les nuages, dont l'intensité continuait toujours à augmenter, empêchaient d'apercevoir le courant circulaire. Les éclairs n'apparaissaient d'ordinaire que quelque temps après la formation du courant; jusqu'alors rien ne manifestait l'existence de l'électricité.

La vitesse avec laquelle les nuages tournaient n'était pas d'abord très-grande, mais elle augmentait graduellement, et à mesure qu'elle devenait plus rapide, le courant circulaire paraissait agir à de moindres hauteurs. Vers les 2 ou 3 heures de l'après-midi, l'orage éclatait et se propageait avec assez de vitesse dans la direction du nord-est. Souvent le courant avait cessé d'être apparent quelque temps après s'être établi; mais les lieux de son passage étaient indiqués par une plus grande accumulation de nuages et une plus grande fréquence d'éclairs, mais surtout par les effets qu'il produisait à la surface de la terre, dont il se rapprochait à mesure qu'il s'éloignait des montagnes. La pluie et quelquefois la grêle tombaient sur tous

(1) Observations sur les brises de jour et les brises de nuit dans quelques parties des Pyrénées, par M. Lartigue. (*Annales maritimes*, 1843, t. LXXXII, p. 667.)

les lieux au-dessus desquels ils passaient, la foudre y éclatait en même temps ; mais les vents n'acquéraient une grande violence que là où le courant circulaire paraissait être très-près du sol. Le mouvement circulaire était d'autant plus régulier qu'il était plus rapide, et il décrivait un cercle parfait lorsqu'il atteignait son maximum de vitesse (1).

Dans la vallée de Baréges, les orages sont produits par les vents du nord et ceux de l'ouest-sud-ouest ; ils se dirigent vers l'est-nord-est. Les nuages venant du nord, qui paraissent toujours à la même hauteur que ceux venant de l'ouest-sud-ouest, quittent ordinairement leur direction primitive pour prendre celle de ces derniers ; mais lorsque les uns et les autres ont une certaine vitesse, les nuages du nord tournent brusquement et forment un courant circulaire à peu près semblable à celui que produisent les vents du nord-ouest aux Eaux-Bonnes (2).

J'ai observé dans cette dernière vallée un orage déterminé par les vents de l'est-sud-est et ceux de l'ouest-nord-ouest. Ces vents augmentaient progressivement de vitesse en se rapprochant les uns des autres, et sans changer de direction, jusqu'à une certaine distance du point vers lequel ils convergeaient; là, ceux de l'est-sud-est tournaient brusquement et formaient un courant circulaire (*fig.* 2). Ce courant existait déjà à 6 heures du matin, à une médiocre hauteur, au-dessus d'Eaux-Bonnes ; il s'était mis en marche entre 9 et 10 heures, se dirigeant très-lentement vers l'ouest-nord-ouest.

J'ai parfaitement distingué quels étaient les vents qui causaient les orages et de quelle manière ils se formaient, lorsque je me trouvais près du lieu où ils prenaient naissance; mais, si j'en étais éloigné, je voyais le temps se couvrir, les nuages devenir de plus en plus intenses, soit qu'il

---

(1) J'ai observé plusieurs orages dans les Pyrénées ; une fois seulement le courant affectait la forme régulière d'un cercle.

(2) Observations sur les brises de jour et les brises de nuit dans quelques parties des Pyrénées, par M. LARTIGUE. (*Annales maritimes*, 1843, t. LXXXII. p. 669.)

fît calme, soit que le vent soufflât d'une direction quelconque, et après un intervalle plus ou moins long, l'orage éclatait sans qu'il me fût possible d'apprécier quels étaient les vents qui l'avaient produit, ni de quelle manière il s'était formé.

Les vents du sud à l'ouest-sud-ouest soufflent fréquemment dans les régions élevées au-dessus des Pyrénées; lorsqu'ils prennent de l'intensité, ils se rapprochent de la surface de la terre, qu'ils n'atteignent cependant qu'à une certaine distance de la base de ces montagnes : plus ils sont forts, moins cette distance est grande. C'est seulement à partir du point où ces vents commencent à souffler près du sol que les orages deviennent violents.

Pendant l'été, les vents du nord à l'ouest-nord-ouest ne soufflent souvent que sur le versant septentrional des Pyrénées; alors les orages ne s'éloignent pas des montagnes. Quelquefois ces vents règnent en même temps sur ce versant et sur les terres basses qui se prolongent au nord. Dans ce cas, les orages peuvent s'étendre jusqu'au point où les vents du nord à l'ouest-nord-ouest cessent de souffler, et acquérir les proportions d'un ouragan. Alors la dépression du baromètre est considérable ; elle est peu sensible si l'orage ne se fait ressentir que sur une petite étendue. Après avoir quitté les montagnes, les orages changent souvent de direction; alors ils prennent successivement celle de l'est et de l'est-sud-est, à mesure qu'ils s'éloignent des Pyrénées. La dernière direction est celle que suivent ordinairement les orages qui se forment sur les terres basses.

DES OURAGANS ET DES TEMPÊTES
DANS L'OCÉAN ATLANTIQUE SEPTENTRIONAL.

PARTIE DE MER COMPRISE ENTRE LE PARALLÈLE DE 12 À 15° N. ET CELUI DE 30° N. DEPUIS LA COTE D'AFRIQUE JUSQU'AU MÉRIDIEN DE 50° O.

Pendant les mois de mai, juin, juillet et août, les vents alisés du nord-est sont presque constants entre la limite nord des vents variables de la zone torride et le parallèle de 28° à 30° nord, depuis le voisinage de la côte d'Afrique jusqu'aux environs du méridien de 45° ouest; le temps est ordinairement beau et les vents modérés entre ces diverses limites ; mais pendant le mois de septembre et une partie d'octobre, les vents du sud au sud-est soufflent quelquefois avec force dans les parages des Canaries. Il est des cas où les vents paraissent avoir quelque analogie avec ceux qui soufflent dans les ouragans (1).

En toutes saisons, les vents du sud-est au sud-ouest règnent de temps en temps, entre les parallèles de 12° et de 23° nord, depuis le méridien de 45° ouest jusqu'à celui de 50° ouest; ces vents, principalement ceux du sud-ouest, y acquièrent quelquefois la force des coups de vent; les mêmes effets se produisent de loin en loin, sur la même zone, entre les méridiens de 38° à 42° de longitude ouest.

COTE D'AFRIQUE ET ILES DU CAP VERT.

Depuis le mois de juin jusqu'au mois d'octobre, les vents variables de la zone torride du sud à l'ouest règnent sur la côte occidentale d'Afrique et sur les mers adjacentes, entre le parallèle du cap des Palmes et celui de 12° à 15° nord ; ces vents acquièrent quelque intensité entre la côte et le méridien de 32°; mais, à l'occident de ce méridien, ils sont généralement modérés, souvent même très-faibles.

Lorsque des vents polaires intenses s'établissent dans la Méditerranée, sur les côtes d'Espagne et de Portugal, ce qui a lieu fréquemment dans la période de juin à octobre, ils ajoutent à l'intensité des vents alisés du nord-est et les poussent vers l'équateur ; ces derniers se substituent aux vents du sud à l'ouest, sans causer aucune agitation remarquable dans l'état de l'atmosphère, quand le changement s'opère à une grande distance de terre; mais il n'en est pas

(1) Dans le mois de novembre 1836, une tempête violente se fit ressentir à l'île de Ténériffe. A Sainte-Croix, les vents commencèrent au S.-O., ensuite ils varièrent au S., au S.-E., à l'E. et au N.-E., d'où ils passèrent brusquement au N.-O.

de même près de la côte et sur le continent : les alisés du nord-est qui, dans ces parages, soufflent au-dessus des vents du sud à l'ouest, prenant alors de l'intensité, descendent à la surface et déterminent, sinon des ouragans, du moins des orages appelés *tornados*. Pendant ces orages, les vents soufflent avec une très-grande force.

Les tornados sont souvent occasionnés par l'action réunie des alisés du nord-est et des vents de sud-est de l'hémisphère austral ; ces derniers règnent fréquemment au-dessus des alisés du nord-est, qu'ils remplacent plus tard lorsque, augmentant de force, ils se rapprochent du sol. Quelquefois, après avoir soufflé du sud-est, les vents passent brusquement au nord-ouest ; alors les tornados peuvent prendre les proportions d'un ouragan. Dans le premier cas, le baromètre monte aussitôt que les vents du nord-est ou du sud-est atteignent la surface ; dans le second cas, au contraire, il baisse d'une manière sensible.

Au large de la côte, les alisés du nord-est continuent de souffler pendant plusieurs jours ; mais près de terre et sur le continent, les vents, soit du nord-est, soit du sud-est, règnent peu de temps à la surface, et ils y sont bientôt remplacés par ceux du sud à l'ouest.

Les tornados sont le plus ordinairement annoncés par une éclaircie dans le nord-est et par un intervalle de calme qui succède aux vents de sud-ouest ; plus cet intervalle est court, plus les vents de nord-est et de sud-est soufflent avec force.

Parfois, sur le continent, les tornados sont précédés d'un ciel clair, d'une chaleur suffocante et de petits tourbillons qui soulèvent le sable et font tournoyer les plantes et même des branches d'arbre. C'est dans ces circonstances que les orages enlèvent du sol, pour les transporter dans les hautes régions, les sauterelles et autres insectes qui, étant ensuite poussés vers l'occident par les alisés du nord-est, sont rencontrés par les navigateurs à des distances considérables de la côte d'Afrique (1).

---

(1) *Exposition du système des vents*, etc., pages 70 et 71.

Les tornados parviennent rarement jusqu'aux îles du cap Vert; mais dans ces îles et dans leur voisinage on ressent par intervalle, pendant les mois de juillet, août, septembre et octobre, des coups de vent du sud qui durent environ trois jours.

On appelle *harmattan* les vents du nord-est à l'est, qui soufflent assez souvent avec force, principalement pendant le jour, sur la côte occidentale d'Afrique, depuis le mois de novembre jusqu'au mois d'avril. Ces vents ne sont autres que les vents alisés qui, sur cette côte comme sur toutes celles où des vents primitifs se dirigent de la terre vers lamer, acquièrent plus de force pendant le jour que durant la nuit (1).

PARTIE DE MER COMPRISE ENTRE LES ILES DU CAP VERT ET LE VOISINAGE DES COTES DE LA GUYANE.

A partir du méridien de 32° ouest jusqu'à environ 60 ou 80 lieues des côtes de la Guyane, et entre le parallèle de 2° à 4° nord et celui de 12° à 13°, les vents variables de la zone torride du sud au sud-ouest dominent pendant les mois de juin, juillet, août, septembre et octobre. Ces vents sont généralement modérés, principalement près de la Guyane; ils ne prennent de l'intensité que pendant les orages, assez fréquents dans cette saison. Les alisés du nord-est, qui de temps en temps parviennent au delà du parallèle de 12° nord, ne sont jamais forts, et ils remplacent les vents du sud au sud-ouest sans causer d'agitation remarquable dans l'état de l'atmosphère. Cependant, dans la nuit du 16 au 17 octobre 1817, une division française, composée de huit bâtiments de guerre, fut assaillie par une espèce d'ouragan, pendant lequel la direction du vent varia du nord-ouest au sud-ouest. Une goëlette disparut, une corvette perdit tous ses mâts; mais les autres bâtiments de la division, qui se trouvaient alors par 12°15' de latitude nord et 39°20' de longitude ouest, n'éprouvèrent que peu ou point d'avaries.

---

(1) *Exposition du système des vents*, 2e édition, pages 24-57.

COTES DE LA GUYANE.

Depuis le mois de décembre jusqu'au mois d'avril, les alisés du nord-est sont constants sur les côtes de la Guyane; ils y acquièrent quelquefois une assez grande intensité; pendant leur durée, le temps est assez ordinairement pluvieux et à grains; mais le baromètre se tient élevé. Dans les grains, les alisés hâlent le nord en fraîchissant; ensuite ils passent au sud-est, d'où ils reviennent au nord-est.

Dans la période d'avril à novembre, les vents polaires du sud dominent sur la côte australe du Brésil et sur les mers adjacentes; ils y soufflent même par intervalle avec une grande force. A mesure qu'ils avancent vers le nord, ils varient graduellement au sud-est et à l'est 1/4 sud-est. Lorsqu'après avoir dépassé l'équateur, ils parviennent sur les côtes de la Guyane, leur direction est entre l'est et l'est-sud-est, excepté quand ils prennent de l'intensité; dans ce cas, ils soufflent entre le sud-est et le sud-sud-est. Ces vents dominent pendant les mois de juillet, août et septembre, souvent même pendant une partie des mois de juin et d'octobre. Leur limite orientale sur le parallèle de 5° à 6° nord se trouve à environ 60 ou 80 lieues des côtes. Lorsque, par intervalle, ils viennent à cesser, ils sont remplacés par les vents variables de la zone torride du sud au sud-ouest faibles, ou par des calmes. Il n'est fait mention dans aucun ouvrage ni dans aucun journal de navigation, d'ouragans ressentis sur ces côtes; il est vrai que dans la saison dont il est question, les alisés du nord-est ne parviennent pas dans le sud du parallèle de l'île de la Trinité, et par conséquent il ne peut pas s'établir de lutte entre eux et les vents de l'hémisphère austral.

MER DES ANTILLES.

Les vents alisés du nord-est à l'est sont presque constants dans la mer des Antilles, depuis le mois de novembre jusqu'au mois de juillet. Pendant leur durée, le temps est beau et le baromètre élevé, quoique par intervalle ils acquièrent une très-grande intensité; plus ils sont forts, plus leur direction se rapproche du nord (1) et plus le baromètre monte. Lorsque ces vents ont une certaine force, ceux du nord-est au nord règnent ordinairement dans les régions élevées de l'atmosphère (2); mais s'ils sont modérés, les alisés du sud-est de l'atmosphère austral soufflent au-dessus d'eux, et les vents variables de la zone torride du sud au sud-ouest, au-dessus des vents de sud-est (3). Chaque fois que les vents supérieurs prennent de l'intensité, ils tendent à se rapprocher du sol; quelquefois même ils y remplacent ceux du nord-est à l'est.

Dans la période de novembre à juin, la transition s'opère sans causer une agitation remarquable dans l'état de l'atmosphère; mais, entre ce dernier mois et celui de novembre, les vents supérieurs, principalement ceux du sud-est, deviennent violents quand ils parviennent près du sol (4).

Pendant les mois de juillet, août et septembre, et souvent pendant une partie des mois de juin et d'octobre, les vents de l'hémisphère austral de l'est au sud-est et au sud-sud-est, qui règnent sur les côtes de la Guyane, parviennent par intervalle dans la mer des Antilles et même au delà, soit en continuant à souffler à la surface, soit après avoir traversé les régions élevées. On peut voir, par les cartes où Redfield et le colonel Reid ont tracé la marche d'ouragans observés dans l'océan Atlantique septentrional, que le plus grand nombre se manifeste dans la direction des vents de l'est-sud-est au sud-sud-est, qui soufflent sur les côtes de la Guyane. Ainsi les ouragans sont rares à l'est du méridien de 55° ouest, et ceux qui se font ressentir dans l'ouest du méridien de 70° ouest, diffèrent assez souvent de forme avec ceux qui se produisent dans l'est de ce dernier méridien. De ces remarques on peut inférer qu'il existe une grande cor-

(1) Parfois, dans les mois de janvier, février et mars, les bâtiments sont obligés de mettre à sec de voiles, pour traverser les canaux qui séparent les îles.

(2) *Exposition du système des vents*, etc., page 34.

(3) *Exposition du système des vents*, etc., page 19.

(4) *Id.* *Id.* pages 25 et 26.

rélation entre les vents de l'est-sud-est au sud-sud-est, qui règnent sur les côtes de la Guyane, et les ouragans des Antilles. Au surplus, des observations météorologiques faites à Cayenne dans le courant du mois de juillet 1825, pendant qu'un violent ouragan éclatait à la Guadeloupe, semblent confirmer cette opinion.

Les 22, 23 et 24 juillet 1825, les vents alisés du sud-est de l'hémisphère austral ne soufflèrent pas à Cayenne ; ils y étaient remplacés par de très-faibles brises variables de l'est au sud et au sud-sud-ouest, et par des calmes. Pendant ces trois jours le temps fut couvert ; des éclairs fréquents sillonnaient la nue ; mais le 25 juillet, lorsque le soleil parut à l'horizon, les vents de sud-est s'élevèrent ; ils continuèrent à souffler, par rafales assez fortes, jusqu'au 26, au coucher du soleil, sans perdre sensiblement de leur intensité. Le temps devint moins couvert aussitôt que ces vents commencèrent ; les éclairs furent moins fréquents ; ils cessèrent même dans la nuit du 25 au 26. Le baromètre, qui avait sensiblement baissé, remonta à partir du 25 au matin, et, dans la matinée du 26, il atteignit la hauteur observée habituellement à Cayenne (1).

Ouragan du 26 juillet 1825 à l'île de la Guadeloupe.

Le 26 juillet 1825, un ouragan des plus impétueux éclata sur l'île de la Guadeloupe. A la Basse-Terre, le vent qui, dès le point du jour, soufflait de l'est, s'établit quelque temps entre le nord et le nord-est ; à 7 h. 1/2, il était déjà violent, à 9 h. il devint impétueux ; après avoir soufflé pendant assez longtemps du nord-nord-est, il varia successivement au nord-est, à l'est et au sud-est sans diminuer de violence ; à midi l'ouragan cessa (2).

A la Pointe-à-Pitre, la pluie, qui était tombée pendant toute la nuit précédente, redoubla par un vent fort du nord-

(1) *Table de loch* de la goëlette *la Lyonnaise*.

(2) Extrait d'un rapport du gouverneur de la Guadeloupe et des journaux de la Pointe-à-Pitre.

est ; à 9 h. du matin le vent souffla avec plus de violence, et l'ouragan se déclara ; vers les deux heures de l'après-midi, le vent passa au sud-est et se modéra par degrés (1).

Toute la partie de la Guadeloupe proprement dite, de Cabesterre à l'est, jusqu'à la Pointe-Noire à l'ouest, en passant par le sud, ne présentait plus que le spectacle de la plus affreuse dévastation ; à midi la Basse-Terre n'offrait plus qu'un vaste amas de décombres et de ruines (2) ; mais à droite de la ligne que l'on supposerait joindre la Cabesterre à la Pointe-Noire, les habitations et les plantations éprouvèrent peu de dommages (3).

Cinq bâtiments mouillés sur la rade de la Basse-Terre disparurent ; deux capitaines seuls parvinrent à se sauver ; l'un d'eux, Mac-Kown, après avoir lutté contre une mer furieuse, a vu son brick, enlevé par un tourbillon, faire, pour ainsi dire, naufrage dans les airs (4).

La Pointe-à-Pitre a peu souffert; mais les îles des Saintes et de Marie-Galante, qui paraissent s'être trouvées dans la direction de la colonne principale, ont considérablement souffert (5).

« A la Martinique, dans la nuit du 25 au 26, des grains « violents, accompagnés d'un vent intense soufflant de « l'ouest, puis du nord-ouest et enfin du sud, constituèrent « une vraie bourrasque. Le mauvais temps a duré jusqu'au « milieu de la journée du 26 (6). »

Une lettre de Sainte-Croix annonce « que cette île da-« noise, située dans le nord 61° ouest de la Basse-Terre, a « ressenti d'une manière terrible les effets de l'ouragan (7). »

A Saint-Thomas il y eut peu de dommages ; mais on aperçut de cette île une colonne d'air de teinte foncée, paraissant tourner sur elle-même, s'avancer sur Sainte-Croix, pas-

---

(1) Extrait des journaux de la Pointre-à-Pitre.

(2) Extrait d'un rapport du gouverneur de la Guadeloupe.

(3) Renseignements donnés par un habitant de la Guadeloupe.

(4) *Annales maritimes*, 1825, tome 2, page 550.

(5) Extrait d'un rapport du gouverneur de la Martinique.

(6-7) Extrait d'un rapport du gouverneur de la Martinique.

ser sur cette île et se diriger ensuite sur l'extrémité orientale de Porto-Ricco, où un grand nombre d'habitations et de plantations furent détruites (1).

Des débris de meubles et d'autres objets appartenant aux habitants de la Guadeloupe furent transportés à l'île Montserrat, située à 18 lieues dans le nord 32° ouest de la Basse-Terre (2), et par conséquent de 29° sur la droite de la direction suivie par la colonne d'air qui a passé sur Sainte-Croix.

Ouragan de la Martinique dans la nuit du 21 au 22 octobre 1817.

La corvette *la Caravane*, se rendant des États-Unis à la Martinique, se trouvait, le 21 octobre vers minuit, à peu de distance dans l'ouest de cette île, avec beau temps et des vents du nord. A 1 h. 1/2 du matin le temps s'obscurcit ; le vent fraîchit graduellement, et bientôt il devint si fort que le bâtiment fut obligé de mettre à la cape sous la misaine et le petit foc, et de faire route au sud-est pour s'éloigner de terre. A 6 h. 1/2, les mâts de hune furent cassés par le vent qui alors était tellement violent, que, pour ne pas sombrer, on coupa le mât d'artimon, ensuite le grand mât. Cette opération était à peine terminée, que le mât de misaine fut enlevé de son emplanture par un tourbillon. Le vent continua à souffler avec furie, en variant successivement au nord-est, à l'est, au sud-est et au sud-ouest, pour revenir ensuite au sud-est. Dans la journée l'ouragan commença à s'apaiser ; dans la soirée les alisés s'établirent et le temps s'embellit.

Depuis le 18 octobre, toutes les circonstances atmosphériques paraissaient annoncer la fin de l'hivernage. Le beau temps était revenu à la Martinique avec les vents alisés ;

---

(1) Renseignements fournis par un officier de la marine qui se trouvait à Saint-Thomas le 26 juillet.

(2) Renseignements donnés par un officier de la marine qui fut envoyé à Montserrat à la fin de juillet 1825.

mais le 21, vers minuit, les vents halèrent le nord en augmentant graduellement de force, et, à la pointe du jour, ils soufflaient en ouragan. Tous les bâtiments mouillés à Saint-Pierre et à Fort-Royal furent forcés de prendre la mer; quelques-uns n'éprouvèrent que de légères avaries, tandis que plusieurs autres en éprouvèrent de très-graves, quoique peu éloignés des premiers. Le brick de guerre *le Laurier*, entre autres, eut, comme *la Caravane*, son mât de misaine enlevé par un tourbillon. Une goëlette sombra. Les vents de sud-est produisirent par leur impétuosité plus de désastres que les vents des autres directions (1). Sur divers points de l'île, à quelque distance au large, les vents varièrent comme dans les parages où se trouvait *la Caravane*.

Sous certains rapports, l'île Sainte-Lucie souffrit peut-être plus que la Martinique de cet ouragan, qui se fit aussi ressentir à la Grenade, à Saint-Vincent, à la Dominique, à Saint-Thomas et à Porto-Ricco (2).

Ouragan de la Barbade du 10 au 11 août 1831.

Extrait de la relation publiée à Bridgetown immédiatement après l'ouragan (3).

« Le 10 août, le soleil se leva sans nuages et brilla d'un « grand éclat. A 10 h. avant midi, une brise douce, qui avait « soufflé jusqu'alors, tomba. Après un calme passager, de « grands vents s'élevèrent de l'est-nord-est; ils s'apaisèrent « bientôt après. La plupart du temps le calme régna, in- « terrompu de temps à autre par des bouffées soudaines « soufflant entre le nord et le nord-est.

« A 2 h. la température s'éleva à 88° Fahrenheit (31°11); « le temps était extraordinairement lourd et étouffant.

« A 4 h. le thermomètre retomba à 86°; à 5 h. les nua- « ges parurent s'amonceler du côté du nord, le vent com-

(1) Extrait du rapport du commandant de *la Caravane*, Moreau de Jonnès; *Annales maritimes*, 1818, tome VIII.

(2) Journaux de la Martinique.

(3) An attempt to develop the Law of Storms, etc., 3e édit., pages de 24 à 33; by lieutenant-colonel Reid, etc., etc.

« mençant à souffler bon frais de cette direction; ensuite « la pluie tomba, suivie d'un calme soudain. Vers le zénith « il y avait un cercle confus d'une lumière imparfaite.

« De 6 à 7 h. le temps fut beau, le vent modéré; de « temps en temps de légères bouffées du nord se manifes- « taient. La couche inférieure et principale des nuages se » portait avec vitesse vers le sud, les couches supérieures » fuyant rapidement vers divers points.

« A 7 h. le ciel fut clair et l'air calme : la tranquillité ré- « gna jusques un peu après 9 h. Alors le vent commença à « souffler du nord.

« A 9 h. 1/2 le vent fraîchit, et des ondées modérées « tombèrent par intervalle pendant l'heure suivante.

« Des éclairs lointains furent observés à 10 h. 1/2 au « nord-nord-est et au nord-ouest. Des grains de vent mêlés « de pluie du nord-nord-est se succédèrent, interrompus « par des intervalles de calme, jusqu'à minuit. Le thermo- « mètre, pendant ce laps de temps, varia avec une activité « remarquable. Durant les calmes il s'élevait jusqu'à 86°; « le reste du temps il oscillait entre 83 et 85°. Il est néces- « saire d'entrer dans ces détails, car le moment où la tem- « pête commença et le mode de son approche varièrent « considérablement dans différentes situations : quelques « maisons furent littéralement rasées, tandis que dans « d'autres, les habitants, à peine à un mille de là, ne s'aperçu- « rent pas que le temps fût plus violemment agité que de « coutume.

« Après minuit. des éclairs continus présentaient un « spectacle d'un effet terrible et éclatant. La tempête souf- « flait avec violence du nord et du nord-est. A 1 h. du ma- « tin la fureur du vent augmenta ; l'ouragan, qui d'abord « venait du nord-est, changea subitement et creva du nord- « ouest et *points intermédiaires* (1). Les régions supérieures « furent, à partir de ce moment, illuminées par des éclairs « incessants; mais cette nappe de lumière tremblante était « surpassée en éclat par le jet du feu électrique qui se pro-

(1) And Burst from the nord-west *and intermidial points.*

« jetait dans toutes les directions. Un peu après 2 h., le « fracas étourdissant de l'ouragan, qui se précipitait du « nord-nord-ouest et du nord-ouest, ne saurait être décrit « par le langage. Vers 3 h., le vent diminua par moments; « mais des rafales venaient du sud-ouest, de l'ouest et de « l'ouest-nord-ouest avec une violence redoublée.

« Les éclairs ayant cessé pendant quelques moments, des « météores de feu furent aperçus tombant du firmament; « un entre autres, de forme sphérique et d'un rouge foncé, « fut observé par l'auteur, descendant perpendiculairement « d'une immense élévation. Il répandit une clarté éblouis- « sante en approchant de la terre, près de laquelle il prit « une forme allongée. . . . .

« Quelques minutes après l'apparition de ce phénomène, « le bruit assourdissant du vent se changea en un murmure « solennel, ou, plus correctement, en un mugissement loin- « tain. Les éclairs qui, depuis minuit, avaient jailli et ser- « penté avec des interruptions rares et momentanées, écla- « tèrent alors d'une manière terrible, pendant l'espace « d'environ une demi-minute, entre les nuages et la terre, « avec une nouvelle et surprenante activité. Le vaste corps « de vapeur paraissait toucher les maisons, et lançait de « haut en bas des lueurs enflammées qui étaient prompte- « ment renvoyées de bas en haut par la terre.

« Un moment après cette singulière succession d'éclairs, « l'ouragan éclata encore des points de l'ouest avec une « violence au-delà de toute description, lançant devant lui « des milliers de projectiles, fragments des constructions « sans défense de l'art humain. Les maisons les plus solides « furent ébranlées jusque dans leurs fondements, et la terre « même trembla sous la rage de l'élément destructeur.....

« Après 4 h., l'ouragan se modéra par moments, et permit « d'entendre distinctement la chute des tuiles et des maté- « riaux *que la dernière rafale avait probablement em-* « *portés à une grande hauteur* (1).

« A 6 h. du matin, le vent était au S.; à 7 h., au S. E.; « à 8 h., à l'E. S. E.; à 9 h., le temps était redevenu serein. »

---

(1) A 8 h. du soir, le baromètre marquait 0^m762; à 2 h. du matin, 0^m747; à 4 h., il était au dessous de 0^m711.

SAINTE-LUCIE.

« Le 10 août au soir, on n'avait rien observé d'extraor-
« dinaire à Sainte-Lucie; mais dès les 4 ou 5 h. du
« lendemain matin, la garnison stationnée près de l'extré-
« trémité septentrionale de l'île commença à s'alarmer:
« quelques baraques militaires furent renversées. Le vent
« soufflait alors presque directement du nord. L'ouragan
« acquit sa plus grande force entre 8 et 10 h. du matin;
« mais à partir de ce moment le vent tourna graduellement
« à l'est, diminuant de force et se perdant, pour ainsi dire,
« au sud-est. La soirée fut très-belle, le vent à peine sen-
« sible.

« On rapporte qu'à l'extrémité méridionale de l'île,
« c'est du sud-ouest que l'ouragan s'est déchaîné avec le
« plus de violence. »

SAINT-VINCENT.

« A Saint-Vincent, la garnison était au fort Charlotte,
« près de l'extrémité sud-ouest de l'île, et là le vent souffla
« d'abord du nord-ouest, tournant à l'ouest et au sud-
« ouest; il enleva les toits de quelques-uns des bâtiments du
« fort et en renversa d'autres. L'ouragan n'atteignit pas
« Saint-Vincent avant 7 h. du matin. »

AU LARGE DE LA GRENADE.

« La goëlette de guerre *le Duc d'York*, revenant de la
« Trinité à la Barbade pendant cet ouragan, était le soir en
« vue de la Grenade et à l'est de cette île. Vers minuit, elle
« commença à essuyer de fortes rafales du nord-ouest, qui
« engagèrent le capitaine à diminuer de voiles. Les rafales
« augmentèrent jusqu'à ce que le navire ne pût plus porter
« de voiles, et à chaque instant on s'attendait à le voir
« sombrer. Heureusement, au point du jour, ceux qui
« étaient à bord se trouvèrent jetés, sans s'y attendre, tout
« près de l'île de la Barbade.

« Les indices observés à la Barbade, par M. Gittens, fu-

« rent : 1° le rapide mouvement en avant des nuages en « masses séparées, dans une course irrégulière, non portés « par le vent, mais poussés, pour ainsi dire, devant lui ; « 2° le rugissement lointain des éléments, semblable au « bruit du vent qui se précipite à travers une voûte pro- « fonde ; 3° le mouvement des branches d'arbres, non « poussées en avant comme par un courant d'air, mais tour- « noyant (*whirled about*) constamment. »

SAINT-PIERRE-MARTINIQUE.

Le 11 août, à Saint-Pierre, île Martinique, les vents soufflèrent en fort coup de vent, d'abord du nord-est, ensuite de l'est-sud-est. Les bâtiments mouillés sur la rade furent obligés de prendre le large (1).

HAÏTI.

Le 13 août, entre 2 h. et 5 h. 1/2 du matin, un violent ouragan éclata aux Cayes. Le vent souffla d'abord entre le nord et le nord-est, il varia ensuite au sud-est. La mer, qui s'éleva considérablement, occasionna de grands désastres dans la ville et les campagnes environnantes (2).

Ouragan à la Guadeloupe, à la Martinique, à la Dominique et à Sainte-Croix, les 20, 21 et 22 septembre 1834.

GUADELOUPE (RADE DE LA POINTE-A-PITRE).

Depuis quelques jours, le vent du nord au nord-nord-est était plus ou moins frais, mais avec un ciel couvert par intervalles. Le 20 septembre, à la pointe du jour, on vit la mer briser considérablement sur les hauts fonds. Le baromètre

---

(1) Journal de la Martinique.

(2) Feuille du commerce de Port-au-Prince (Haïti).

avait baissé de 9 millimètres depuis la veille. A 5 h. du soir, le vent fraîchit beaucoup ; il s'apaisa au coucher du soleil, mais des nuages chassaient avec rapidité de la même direction que le vent, c'est-à-dire du nord au nord-nord-est. Vers 8 h. du soir, les vents soufflèrent en rafales, interrompues par des intervalles de calme d'abord assez prolongés; mais ces intervalles diminuèrent progressivement, et à minuit le vent souffla sans interruption avec une grande violence. Depuis 8 h. du soir la pluie était continuelle et le temps était toujours très-couvert.

Entre 4 et 5 h. du matin, le vent mollit et tourna très-lentement au sud-est. A 5 h. 30 du matin, il soufflait grand frais de cette direction, la pluie continuait à tomber avec abondance. Le 21, à 10 h. du matin, la tourmente commença à diminuer.

Les vents de sud-est soufflèrent encore bon frais pendant deux jours ; mais le ras de marée, qui avait commencé le 20 au matin, cessa dans la soirée du 21.

Pendant le plus fort de la tempête, le baromètre ne descendit pas au-dessous de $0^{m},749$; il était de $0^{m},004$ plus bas avec les vents du sud-est qu'avec ceux du nord au nord-est.

Partout ailleurs, dans les environs, le vent fut plus fort qu'à la Pointe-à-Pitre (1).

MARTINIQUE (RADE DES TROIS-ILETS, BAIE DE FORT-ROYAL.)

Le 17 septembre, très-beau temps, vents de l'est-nord-est, joli frais.

Le 18, à la pointe du jour, le temps était orageux; dans la matinée, l'orage éclata dans la baie, le tonnerre tomba sur un bâtiment amarré dans le carénage; son grand mât de hune fut rompu et son grand mât fendu. Le baromètre se maintint à $0^{m},760$ sans variation. Pendant l'orage, les vents varièrent de l'est-nord-est au sud-est. Le temps s'embellit dans l'après-midi, et les vents se fixèrent à l'E. N. E.

---

(1) Extrait du journal de la goëlette *le Momus*, mouillée à la Pointe-à-Pitre.

La journée du 19 septembre commença par un assez beau temps, joli frais de l'est-nord-est. Le temps se couvrait par intervalle, l'horizon devenait gras. Dans la matinée, il y eut deux grains peu forts, pendant lesquels les vents varièrent, comme de coutume, de l'est-nord-est au sud-est. Le baromètre descendit jusqu'à $0^m,758$.

Le 20, à 2 h. du matin, il s'éleva quelques fortes rafales du nord-est, qui ne durèrent que quelques minutes; ensuite les vents furent très-inégaux en force, jusqu'à 8 h. du matin; le temps fut couvert et parfois pluvieux; le baromètre à $0^m,756$.

A partir de 8 h., le temps devint plus incertain; le vent était modéré; il se rapprochait alternativement du nord et de l'est-sud-est; le baromètre avait des oscillations très-sensibles; à 10 h., il remontait à $0^m,757$; à midi, il retombait à $0^m,756$. Le ciel était chargé de nuages très-épais, mais on ne distinguait aucun éclair.

A 3 h. de l'après-midi, le baromètre était à $0^m,753$; le vent soufflait par bouffées, tantôt entre le nord et le nord-est, tantôt entre le nord et le nord-ouest; mais vers les 3 h. 1/2 il se fixa entre l'ouest et l'ouest-nord-ouest; à 4 h. il était déjà fort, ensuite il augmenta progressivement, et il atteignit sa plus grande intensité de 8 à 10 h. du soir.

Après 10 h., le vent varia à l'ouest-sud-ouest; alors il se modéra graduellement. Le baromètre, qui avait oscillé entre $0^m,753$ et $0^m,752$, commença à remonter. Dans la nuit, les vents passèrent successivement au sud-ouest, sud-sud-ouest et au sud, en diminuant de force.

Le 21, à 10 h. du matin, la pluie cessa, les vents varièrent au sud-sud-est; ils s'y maintinrent toute la journée; le baromètre remonta à $0^m,756$; le 22, il était à $0^m,758$, les vents à l'est-sud-est.

A terre, les plantations souffrirent peu. A Saint-Pierre, les vents soufflèrent du nord-ouest pendant la tempête. Les quelques bâtiments mouillés dans la baie furent jetés à la côte, d'où ils ne purent être relevés, mais les équipages furent sauvés (1).

(1) Journal de la frégate *l'Atalante*.

LA DOMINIQUE (VILLE DU ROSEAU).

Dans la nuit du 20 au 21, l'ouragan passa sur la Dominique. D'abord, les vents varièrent alternativement du nord au sud et du sud au nord-ouest. Il y eut ensuite quelques instants de calme, à la suite desquels les vents soufflèrent de toutes les directions avec plus de violence ; ils causèrent cependant moins de dommages que les inondations (1).

Le 21 septembre, l'ouragan était sur Sainte-Croix. Voici la relation que le major Lang a bien voulu me communiquer :

« Samedi soir, 20 septembre 1834, le vent était nord-« nord-est, petite brise ; mais l'apparence de l'atmosphère, « indiquée par sa densité, n'était pas en rapport avec la « nature modérée des vents. Cet état de l'atmosphère aug-« menta vers minuit. La lune semblait plongée dans une « brume d'un aspect pâle et tout particulier, et elle était « entourée d'un cercle lunaire ou arc-en-ciel.

« Le dimanche matin, le vent était nord-est, dépassant « la force ordinaire des vents alisés. Le brouillard cachait « l'horizon de la mer. Le baromètre avait baissé d'une « ligne depuis la veille, dans la matinée ; mais cependant « il n'était que d'une demi-ligne au-dessous de la hauteur « habituelle. Pendant la journée, la brise fraîchit et le baro-« mètre ne s'éleva pas, comme cela a lieu habituellement, « depuis le matin jusqu'à 10 ou 11 heures. Quelques in-« stants après, le mercure commença à descendre avec len-« teur (mouvement habituel à cette heure du jour). Le « vent augmenta vers 2 h. de l'après-midi, et à 4 h. nous « avions une brise très-fraîche. On pourrait même em-« ployer une expression plus forte. Le mercure suivait son « mouvement lent de baisse, et la mer devint très-grosse « sur les rochers et sur les bancs qui environnent Buch-« Island. A 5 h. je vis des lames énormes qui déferlaient « avec une violence terrible sur l'extrémité est du banc qui « se trouve au nord-est 1/4 est de la pointe la plus est de

(2) *Journal de la Martinique.*

« Sainte-Croix; elles brisaient par un fond de 7 brasses, à « neuf milles marins de l'extrémité est de l'île; et, comme « elles venaient de l'est-sud-est ou du sud-est 1/4 est, « elles indiquaient clairement qu'une tempête existait dans « le sud-est 1/4 est de ma position, et j'avais l'espoir de la « voir passer dans le sud-ouest de l'île. A 10 h. de la nuit, « le mercure n'était descendu que de 2 lignes 1/2. Quoique « le vent fût violent, je ne craignais pas qu'il augmentât; « mais à minuit il souffla avec une force extrême, accom- « pagné d'une pluie fine. A 2 h. du matin, le lundi, le mer- « cure avait baissé de 5 lignes, et la tempête était alors « dans sa plus grande force; elle continua jusque vers 4 h. « du matin, le vent se rapprochant graduellement de l'est, « et à la fin arrivant à l'est-sud-est. Pendant ces variations du « vent, et très-fréquemment dans ces deux heures, le mer- « cure fut très-agité, montant et descendant d'une demi- « ligne en quelques secondes, quelquefois en moins de « 4 secondes. Entre 4 h. et 5 h. du matin, la tempête dimi- « nua lentement; cependant nous eûmes une forte brise « pendant presque toute la journée du lundi 22 sep- « tembre. »

Perturbations atmosphériques produites dans la mer des Antilles par les vents variables de la zone torride du S. à l'O.

Depuis le mois de mai jusqu'au mois d'octobre, les vents variables de la zone torride du sud à l'ouest soufflent presque constamment sur les côtes occidentales d'Amérique, entre l'équateur et le parallèle d'environ 20° nord. Ils sont généralement modérés de l'équateur au parallèle de 12°, mais ils prennent de l'intensité à mesure qu'ils avancent vers le tropique. Ces vents parviennent souvent dans la mer des Antilles, en passant sur les terres du continent. Quelle que soit leur force dans l'océan Pacifique, ils sont toujours très-modérés sur les côtes orientales d'Amérique qui sont voisines des montagnes ou des terres très-élevées; mais ils peuvent être intenses sur celles qui en sont éloignées, ainsi qu'à une certaine distance au large.

Ces vents du sud à l'ouest atteignent assez souvent le méridien de la pointe occidentale de la Jamaïque, où ils sont généralement modérés. Lorsqu'ils y prennent de l'intensité, ils peuvent parvenir jusqu'aux îles les plus orientales. Les vents variables de la zone torride qui soufflent dans la mer des Antilles ne viennent pas toujours de l'océan Pacifique ; mais, quelle que soit leur origine, ils causent une assez grande perturbation dans l'état de l'atmosphère ; cependant ils ne déterminent d'ouragan que là où ils rencontrent des vents alisés ou des vents polaires intenses ; mais comme les rades les plus fréquentées des Antilles sont ouvertes aux vents de la partie de l'ouest, ceux du S. à l'O. et au N.O. occasionnent ordinairement dans ces îles plus de sinistres maritimes que les vents plus violents du nord-nord-est au sud-est, d'autant plus que les côtes sont alors exposées à des ras de marée qui les rendent dangereuses.

Le 11 septembre 1846, un coup de vent du sud au sud-ouest prit naissance par 13° de latitude nord et 67° de longitude ouest. Le centre se dirigea d'abord vers le nord 30° ouest, puis, avoir dépassé Porto-Rico, il prit successivement la direction du nord-nord-ouest, du nord et du nord-nord-est, et enfin celle du nord-est sur le parallèle de 33° nord (1). D'après les renseignements que j'ai pris sur les lieux où ce coup de vent a passé, il aurait conservé la même direction sur tous les points de son parcours : à la même époque, des vents du sud à l'ouest, assez modérés, soufflaient sur toute la mer des Antilles, et l'état de l'atmosphère faisait partout appréhender un ouragan.

COTES DE VÉNÉZUELA ET DE LA NOUVELLE-GRENADE.

Depuis le mois de novembre jusqu'à celui de juin, les alisés du nord-est sont à peu près constants entre les côtes de Vénézuela, de la Nouvelle-Grenade et la chaîne des Antilles.

---

(1) Voir la Carte.

Le temps est beau pendant leur durée et le baromètre élevé ; ces vents sont ordinairement très-forts à quelque distance du continent ; ils le sont moins près des îles.

Dès le mois d'avril, la présence des vents de l'hémisphère austral dans les couches supérieures de l'atmosphère, se manifeste par plusieurs indices entre l'île de la Trinité et l'isthme de Panama, et pendant les mois de juillet, août, septembre et octobre, les vents de cet hémisphère soufflant entre le sud et le sud-est, dominent sur les plateaux les plus voisins des côtes de la Guyane ; ces mêmes vents sont très-fréquents en juillet et août à Santa-Fé de Bogota ; ils y soufflent même par intervalle en septembre et en octobre. Ces vents du sud au sud-est, après avoir dépassé les plateaux élevés, descendent vers la mer des Antilles, qu'ils n'atteignent cependant qu'à une distance de la côte variable suivant leur intensité : plus ils sont intenses, plus cette distance est petite ; plus ils sont modérés, plus la distance est grande. Ainsi, dans quelques circonstances, ces vents ne commencent à souffler à la surface de la mer qu'en dehors de la limite septentrionale des alisés du nord-est ; dans d'autres cas, ils règnent entre la côte et la limite méridionale de ces mêmes alisés. Les vents du sud-est au sud soufflent en effet, de temps en temps, sur la partie de côtes comprise entre le méridien de l'île de la Trinité et celui de Curaçao ; mais ils ne parviennent jamais sur les côtes situées dans l'ouest du méridien de cette dernière île. Il est à remarquer que les ouragans se font ressentir parfois sur la partie des côtes où les vents du sud-est au sud parviennent, mais jamais dans l'autre partie, où cependant les circonstances atmosphériques sembleraient devoir les rendre plus fréquents ; mais on y observe, surtout aux environs de Carthagène, des trombes d'air qui produisent accidentellement les mêmes effets que les ouragans.

Les vents du sud-est au sud, qui dominent sur les divers plateaux du continent, parviennent assez souvent sur les côtes méridionales de Porto-Rico, d'Haïti et de la Jamaïque, sur lesquelles ils soufflent quelquefois en coup de vent. Il est parfois facile de reconnaître que ces vents exercent de l'influence sur les ouragans d'une partie de la mer des Antilles.

DE L'ISTHME DE PANAMA AU GOLFE DE HONDURAS.

Entre le mois de novembre et le mois de mai, les alisés du nord-est dominent depuis l'isthme de Panama jusqu'à l'entrée du golfe de Honduras ; ces vents sont ordinairement modérés, mais par intervalle ils acquièrent une assez grande intensité ; alors leur direction se rapproche du nord et le baromètre monte. Pendant cette saison le temps est généralement beau.

De juin en octobre, les vents variables de la zone torride du sud à l'ouest règnent fréquemment sur cette côte ; près de terre ils sont faibles ou modérés ; ce n'est qu'à une assez grande distance au large qu'ils prennent parfois de l'intensité. Les ouragans ne se font pas ressentir sur cette partie de côte, mais les orages y sont assez fréquents. Pendant leur durée les vents soufflent quelquefois avec une certaine force.

GOLFE DE HONDURAS.

Pendant les mois d'hiver et ceux du printemps, les alisés du nord-est dominent dans le golfe de Honduras ; quelquefois les vents tropicaux du sud au sud-ouest, et les vents polaires du nord les remplacent : ceux du sud au sud-ouest sont ordinairement modérés, mais ceux du nord soufflent souvent avec une grande force. Les vents tropicaux s'élèvent, à la suite de calmes, de la partie du sud ; ils varient ensuite au sud-sud-ouest et au sud-ouest, d'où ils passent plus ou moins brusquement au nord. Les vents de sud-ouest acquièrent parfois une grande intensité quelques instants avant de varier au nord. Le baromètre baisse avec les vents du sud au sud-ouest ; mais il remonte avec ceux du nord, quelle que soit leur force.

Pendant les mois d'été les vents sont très-inconstants dans le golfe ; ils soufflent tantôt de l'est, tantôt de l'ouest et assez souvent du sud au sud-ouest ; dans cette saison, ces derniers sont les vents variables de la zone torride, et non les vents tropicaux, et ils n'acquièrent ordinairement quelque intensité que dans les orages, qui sont assez fréquents. Les ouragans ne se font pas ressentir dans le golfe.

GOLFE DU MEXIQUE.

Les vents connus sous le nom de nords (*nortes* ou *northers*), dans le golfe du Mexique, sont les vents polaires de l'hémisphère boréal, qui soufflent ordinairement en coup de vent, quelquefois même en tempête ; ils ne présentent qu'accidentellement les caractères de l'ouragan, et seulement entre les mois de juillet et d'octobre. Dans le premier cas le baromètre se tient très-élevé, dans le second la dépression du mercure est considérable.

Ces vents s'établissent ordinairement dans le golfe de la même manière que tous les vents polaires près de la limite septentrionale des alisés du nord-est : ainsi sur les terres, sur les côtes, comme en pleine mer, les alisés tournent près de cette limite, de l'est au sud-est, au sud et au sud-ouest ; ensuite ils passent brusquement au nord-ouest ou au nord ; mais, à cause de la grande élévation des montagnes et de la configuration des côtes, il n'est pas toujours facile de suivre, sur les terres du Mexique ou dans leur voisinage, les diverses variations des vents se dirigeant de la terre vers la mer. Aussitôt que les vents ont atteint le sud-sud-est, le calme se fait ordinairement à la surface dans la partie sud du golfe ; mais l'existence de ces vents dans les hautes régions peut se reconnaître à l'aspect des montagnes ou des terres élevées, sur lesquelles il n'existe alors que peu ou point de nuages, et dont le sommet est tellement dégagé que les navigateurs les aperçoivent d'une distance considérable. Lorsque l'atmosphère devient humide, c'est un indice que le vent passe à l'ouest du sud ; quelque temps après, le vent du nord-ouest ou du nord souffle à la surface et il acquiert bientôt une grande force. Le baromètre monte aussitôt que ce vent commence à se manifester.

Dans quelques circonstances les vents alisés faiblissent sans changer sensiblement de direction ; si alors des éclairs apparaissent du côté du nord, les vents polaires ne tarderont pas à s'établir ; mais, dans ce cas, ils pourront souffler entre le nord et le nord-nord-est, et avec plus de violence que dans le cas précédent.

Les vents de nord conservent une grande intensité pendant une période d'environ trois jours; parfois, entre le mois de novembre et celui d'avril, cette période varie de cinq à sept jours. Lorsqu'ils se modèrent, ils passent au nord-est et à l'est-nord-est. Le temps est très-beau avec les vents du nord au nord-nord-est, et, quelle que soit leur force, le baromètre est beaucoup plus élevé pendant leur durée que dans toute autre circonstance atmosphérique (1).

Les vents tropicaux du sud au sud-ouest soufflent par intervalle, dans le golfe du Mexique, depuis le mois de novembre jusqu'au mois d'avril; ils y acquièrent parfois la force de coups de vent, mais alors ils ont peu de durée et ils sont bientôt remplacés par les vents polaires. Dans cette saison, ces vents du sud au sud-ouest sont bien les vents tropicaux, contre-courants des alisés du nord-est, auxquels se réunissent assez souvent les vents de l'hémisphère austral régnant dans les régions élevées, et non les vents variables de la zone torride (2). Il est à remarquer que la rencontre des vents tropicaux, quelque forts qu'ils soient, avec les vents polaires, ne cause aucune perturbation extraordinaire dans l'état de l'atmosphère, et que, si ces derniers sont toujours très-intenses, c'est sans doute à cause de la configuration des terres du golfe.

Depuis le mois de mai jusqu'au mois de septembre, les alisés du nord-est, détournés de leur direction naturelle par l'influence des vents de l'hémisphère austral (3) et soufflant entre l'est et le sud-est, dominent au large des côtes ; ces vents sont quelquefois remplacés par les alisés du nord-est à l'est, de temps en temps par les vents variables de la zone torride du sud-sud-est au sud-ouest, et même par les vents polaires du nord au nord-est et du nord au nord-ouest.

Les vents de l'est-sud-est au sud-est et au sud-sud-est peu-

---

(1) Pendant trois jours, j'ai observé à Saint-Jean d'Ulloa (février 1839) le baromètre à 0m776, alors que les vents soufflaient en tempête entre le nord et le nord-nord-est.

(2) Les vents variables de la zone torride prennent naissance aux environs de l'équateur, tandis que les vents tropicaux ne commencent à souffler qu'à partir de la limite septentrionale des alisés du nord-est. (*Exposition du système des vents*, pages 15 et 17.)

(3) *Exposition du système des vents*, pages 16 et 17.

vent déterminer un ouragan, lorsqu'ayant une certaine force, ils se rencontrent soit avec les alisés du nord-est, soit avec les vents polaires du nord au nord-est ou du nord au nord-ouest.

Les vents variables de la zone torride, du S. S.E au S.O., qui soufflent sur les côtes occidentales d'Amérique, parviennent par intervalle dans le golfe du Mexique; mais, ainsi qu'il a été dit plus haut (pages 32, 33), ils n'acquièrent de la force qu'à une certaine distance des hautes montagnes du continent; ces montagnes étant voisines de la mer dans la partie sud du golfe, les vents du S. S. E. au S. O. n'y prennent de l'intensité qu'à une grande distance de terre; mais dans le nord de Tampico, où les montagnes sont éloignées de la mer, ces vents soufflent parfois avec force sur la côte même, et au large leur intensité est encore plus grande. Il est à remarquer que les ouragans, quels que soient les vents qui les produisent, ne se font ressentir que dans les parties du golfe où les vents du S. S. E. au S. O. peuvent avoir une certaine force, et que, par cette raison, ils sont très-rares dans le sud du parallèle de 20 à 21° nord.

La marche des ouragans est loin d'être régulière dans le golfe du Mexique; parfois, après avoir suivi une direction, ils s'en détournent plus ou moins vite pour en prendre une autre très-inclinée par rapport à la première. Les observations faites à bord des bricks de guerre *le Dunois*, *l'Eclipse* et *le Laurier*, observations que je transcris ici, confirment ce fait qui, au surplus, se reproduit dans d'autres parages.

Ouragan du 8 au 13 septembre 1838 dans le golfe du Mexique.

BRIK LE DUNOIS.

Le 6 septembre 1838 le brick *le Dunois*, faisant partie de l'escadre qui bloquait les côtes du Mexique, fit voile de l'île de Sacrificios pour se rendre à Pensacola. Les vents, d'abord au nord-est, halèrent le nord et le nord-ouest à me-